水運

憑水
走天下

檀傳寶◎主編　葉王蓓◎編著

中華教育

縱橫交錯的水網，為我們提供了豐富的水產品，也為我們運送各種生活的物資。

　　兩岸也發生了許多有趣的故事，你又聽過多少呢？

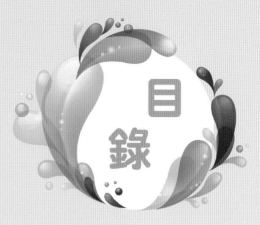

目錄

港口一　親水第一遭

今天的晚餐 / 2

7000 年前的玩具船 / 4

水上城市 / 6

港口二　黃金水道

黃河航運的興衰 / 10

有借無還的糧食 / 12

讓屈原、曹操傷心的戰船 / 14

「峽」路上的古今貨物 / 16

沿着瀾滄江去賣茶葉 / 18

港口三　海上傳說

從姜太公釣魚說起 / 20

級別最高的航海家 /22

颱風來啦喊媽祖 / 24

鄧世昌的兩個決定 /26

港口四　港口的故事

上海的十六鋪碼頭 /28

香港美利樓，你為何不叫美麗樓 /30

崛起的港口羣 /32

親水第一遭

今天的晚餐

那是距今 4 萬多年前的一個早上。昨晚，大雨下了一整夜，洞穴外的風聲、雨聲、各種動物的叫聲，此起彼伏地傳到田園洞人的耳朵裏。

一大早，天空已經恢復湛藍，只是，洞裏洞外，到處都很潮濕，不時看到遠處林子裏一個個身影躥過。可能是梅花鹿，也可能是豪豬，有經驗的田園洞人能分辨出來。

怎麼樣，出發去準備今天的食物吧！洞裏的老人、小孩們都精神抖擻地加入了尋找食物的隊伍。他們走出洞穴不遠，就往山下走了。路兩邊的草上還帶着水珠，因為昨天的雨，路邊出現了

水是我們賴以生存的法寶。

一些小水溝，雨水歡快地往山下跑。

　　山下的小河，已經高高興興地收集了一晚上的雨水。小河裏的魚也高高興興地在更寬敞的河裏游來游去。「你看你看，那棵樹的果子是不是就快要掉下來了？」「啊喲，那棵樹的果實也熟啦！」

　　突然，正在專心抬頭看樹的魚兒們發現不對勁。水裏多了好多人的腿。三五成羣，分別把牠們圍住了。「快跑啊！」一時慌神，有的魚撞到人的腿上去了，有的魚一扎猛子，結果腦袋撞到泥巴上了。原來下了雨，河變寬了，但是岸邊水太淺，扎不深。田園洞人很容易就把魚兒趕到一起，用手就撈起了不少。

　　你猜，田園洞人今晚的晚餐是甚麼？

原始時代的人們很早就知道收集、捕捉水生動植物作為食物。比如生活在北京──華北地區的我國田園洞人，就被認為是最早大量食用淡水魚的原始人類之一。這是人和水最早的對話。

原來原始人是以這些作為食物。

3

7000 年前的玩具船

那，你注意到田園洞人捕魚時，水面上浮着的葉子了嗎？

如果，我們也有一片超級大的葉子，我們是不是可以坐上去，捕到更多的魚呢？

我想，原始人也一定思考過這個問題。

直到大概 7000 年前的一個夏天，到了收穫水稻的季節，生活在浙江的余姚河姆渡人已經在房前空地上忙碌了好幾天：脫粒、曬乾、揚淨、舂米……這時，稍微大一些的孩子也在空地上幫忙，趕一趕時不時飛來的各種鳥兒，再小一些的孩子跑來跑去，帶頭的孩子雙手使勁捂着一個小東西，大概是個褐黃色的玩具。跟在他後面的孩子喊：「給我們放河裏試試嘛！」「我就摸一下可以嗎？」原來，他捂着的是隻陶船。聽到後面的喊聲，他跑得更快了，一眨眼跑到附近的樹林裏了。其他的孩子都停住了腳步，那裏，會不會有老虎？於是，他們就老遠望着躲在林子裏的孩子玩着他的小船。

大人們終於把空地上的米收拾好了。「孩子們，回來吃飯啦。小船？有空的時候，給你們一人做一個，不要搶啦。去看看陶罐裏還有甚麼吃的？」稚嫩的聲音高低起伏地回答：「還有一隻龜！」「有些蚌！」「還有還有，甚麼時候能帶我們坐船去打魚啊？」

這個時候，原始人已經能夠熟練地捕捉水生動物作為食物，也能製造水上的交通工具——船。

河姆渡人，距今 7000 多年，生活在長江下游的古人類。他們過定居生活，住干欄式房屋，用船、筏載人和物，浮水採集，使用刀、匕、錘、鏟、矛、碗、筒、小棍、器柄、紡輪、蝶形器等木器，栽培人工水稻，家養羊、鹿、猴子等牲畜，還會挖掘水井。在河姆渡出土了中國境內所發現最早的漆器，其陶器製作有一定的水準，估計最高燒成溫度達 1000 攝氏度。

河姆渡人由於生活在長江、大海附近，和水結下了不解之緣，他們捕魚、捉鱉、採集水裏的植物、熟悉水性，並且學會了製造船。比如說考古學家在遺址發現了一條玩具陶船，六支木槳等。這說明早在 5000 至 7000 年前中國就有了舟楫。

讓我摸摸你的小船。

水上城市

關於水上城市，我要講的不是意大利的水城威尼斯，而是幾千年前的中國城市。隨着原始人逐漸轉化為人類，逐漸從洞穴中搬離出來了。人們拖家帶口，牽着、趕着馴化出來的家畜。家禽住到哪裏比較好呢？當然是離水源近的地方比較好。

但在堯舜時代，黃河流域連續發了好多年的大水。為了生存下來，人們想出了許多辦法，用泥土、石頭在部落居住地周圍圍起一道圍牆。這道圍牆，就是中國古代城牆的雛形。有了「城牆」就有了「城」。

這個字就像一個士兵躲在城牆後。

或許，你也要問我，「城市」除了「城」，還有一個「市」字呢？市和水有甚麼關係？原來，最早的時候，人們去買點東西、換點東西，都要到人多熱鬧的地方去。哪裏最熱鬧呢？在一個城裏，人人都要去井邊打水，所以，就到井邊去買賣嘛！所以，中文就有了市井這個詞彙，「市」和水也有千絲萬縷的聯繫。

市井

之後，我國古代的城市，大多坐落於江河湖澤之濱，這樣的選址有方便取水、排水、灌溉農作物、水上運輸、美化城市的環境和防衛等多種考慮。

我們走進一個北方的水城開封，來看一看。開封城裏湖光瀲灩，亭台樓閣依水而建，是一座美麗的園林城市。它位於黃河中下游平原的東部，北邊靠着黃河，城內有四條河道貫穿全城：汴河、惠民河、五丈河、金水河。由於水運的便利，開封在歷史上，特別是宋代的時候，非常繁榮。我們從《清明上河圖》就可以看到，沿街商鋪琳琅滿目、路上行人絡繹不絕。可是，就是在這樣美麗而熱鬧的城市裏，你可以看到一個奇怪的現象，那就是，城市北面的黃河居高臨下，被攔在堤壩裏，緩緩流動，而河裏的水面竟然高過了堤壩外面的地面 10 多米。這就是出名的「懸河」現象了。原來，開封邊上的黃河剛剛從黃土高原穿過，帶來了很多泥沙，遇到開封這一帶平緩的地勢，沙子正好就慢慢沉積下來，於是，黃河的河牀每年都在長高，一年大約長個 10 厘米的樣子。

▼《清明上河圖》（局部）

面對城邊上這條長高太快的黃河，開封的確非常頭疼。所以，人們不斷地把河邊堤壩修建得更高。有的時候，黃河水在堤壩裏「悶得慌」，它就翻出來，瞬間，洪水滔天，淹沒整個開封城。歷史上，有的時候，是天災，黃河發大水，好多次水淹開封；有的時候，是人禍，戰爭中，為了打敗對手，人們就挖開堤壩讓洪水沖進開封。大水過後，城市被毀。慢慢地，人們在上面又修建出一座新的城市。所以，黃河使開封在地下 3 米到 12 米的地方，上下疊壓着 6 座城池，老百姓們這麼說：「開封城，城摞城，地下埋有幾座城。」

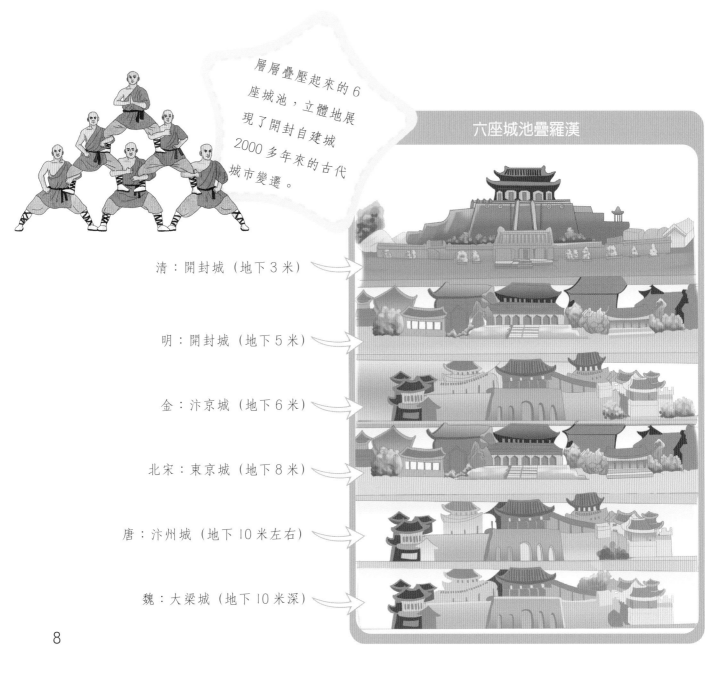

層層疊壓起來的 6 座城池，立體地展現了開封自建城 2000 多年來的古代城市變遷。

六座城池疊羅漢

清：開封城（地下 3 米）

明：開封城（地下 5 米）

金：汴京城（地下 6 米）

北宋：東京城（地下 8 米）

唐：汴州城（地下 10 米左右）

魏：大梁城（地下 10 米深）

我國很多地方與水的關係緊密，僅僅從地方的命名上，就可以看出來。比如說，黑龍江、江蘇、浙江……

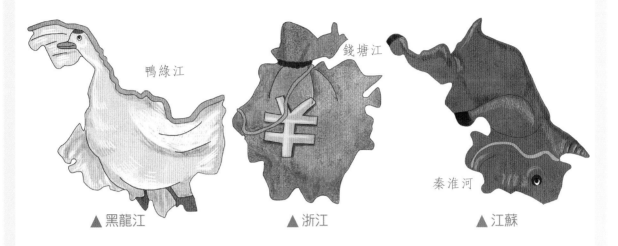

▲ 黑龍江　　　　　▲ 浙江　　　　　▲ 江蘇

鴨綠江　　　　　錢塘江　　　　　秦淮河

有些地名，雖然名稱裏沒有帶水的字，仍然想向我們透露河流的信息。比如說，遼寧省內有一條遼河，它常常發洪水，人們希望遼河寧靜，所以，有了「遼寧」這個省名。而吉林省，看起來名字和森林有關，千萬別誤會，它告訴我們的也是河流的故事，吉林是滿語「吉林烏拉」的縮寫，而「吉林烏拉」的意思就是沿江的地方。

我國還有許多城市被水環繞，可以稱為水上城市，你知道有哪些嗎？

▲蘇州

▲南京

黃金水道

黃河航運的興衰

我國河流密佈，有長江、黃河、淮河、珠江、海河、松花江等大河。它們的中下游多具有良好的通航條件，自古是我國人員物資往來的黃金水道。

黃河自古就是一條自然航道。古時候黃河上水運非常發達。當時，黃河流域形成了以陝西為中心，以黃河幹線與支流河道互相貫通的水運網。在清末、民國的時候，黃河航運達到鼎盛，後來由於公路鐵路的興起，黃河的航運慢慢衰落。

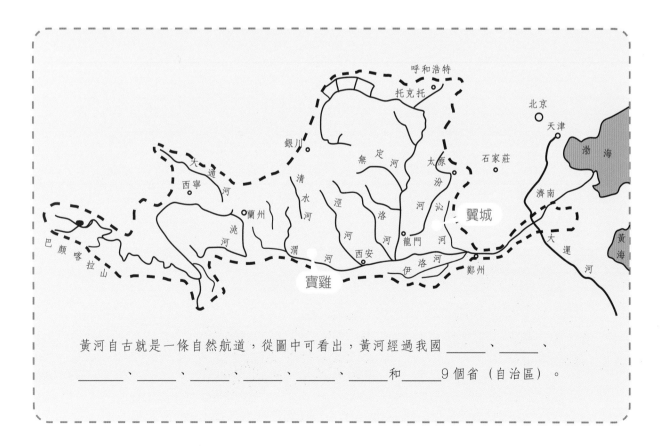

黃河自古就是一條自然航道，從圖中可看出，黃河經過我國 _____、_____、_____、_____、_____、_____、_____、_____ 和 _____ 9 個省（自治區）。

內蒙古自治區托克托縣河口鎮以上的黃河河段為黃河上游。位於這裏的龍羊峽建有黃河上游第一座大型階梯水電站，人稱「龍頭」電站。

從河口鎮至河南鄭州桃花峪間的黃河河段為黃河中游，這裏水力資源豐富。著名的壺口瀑布位於這個河段上。

鄭州桃花峪以下的黃河河段為黃河下游。由於黃河泥沙量大，下游河段長期淤積，形成舉世聞名的「地上懸河」。

▲龍羊峽水電站

▲壺口瀑布

▲黃河入海口，「黃」「藍」兩色分明

要「吹牛皮」的船

在黃河上，還有一種很有趣的「吹牛皮」的船，它最早出現在黃河上。為甚麼要叫「吹牛皮」的船呢？因為，這些船，是把筏子搭在許多個剝得完好無損的羊皮囊或者牛皮囊上，這些筏子的皮囊需要用嘴巴像吹游泳圈一樣吹滿。這樣一來，筏子就可以浮在水上。而當地老百姓，遇到有人誇海口，就會開玩笑說：「請你到黃河邊上去嘛！」意思就是讓他們去吹牛皮囊，「吹牛皮」這個俗語就這麼來了。

有借無還的糧食

這裏要講一個發生在兩個黃河水畔城市之間的故事。這個故事有個名字，叫泛舟之役。

那是前公元 647 年，距今已經有 2600 多年了。在山西的翼城縣（汾水附近），有一個正在發愁的國君，他就是晉惠公。自從他登上國君的位子以來，晉國的糧食收成一直都不好，今年呢，就更差了。老百姓都要餓肚子。看來，只有向鄰國買糧了。但是，更讓人發愁的是，好像只有隔壁秦國最近，向他們買糧食才能保證大夥盡快有飯吃。那就向秦國買嘛！晉惠公想到秦國，就更發愁了。幾年前，他在秦國的幫助下，回到晉國，登上國君的位子。當時許諾送秦國河西五城作為回報。結果，當上國君後，晉惠公就後悔了，這次再求人家賣糧食，秦國肯出手嗎？

糧食要緊，晉惠公還是派使者出發了，去了故事裏的另外一個城市——陝西寶雞（渭水附近），找秦穆公幫忙。

秦穆公召集了大臣開會。一個大臣說：「晉君無道，這正是天賜良機，我們趕緊去攻打晉國。」有人不同意：「我們怎麼能乘人之危呢？我們應該賣糧食給晉國。」秦穆公想了想：「不守諾言的是晉國的國君，但是老百姓沒有錯，現在發生饑荒，餓到的是百姓，我不忍心因為他們的國君有錯而不賣糧食給他們。」

可是，晉國實在太缺糧食了，從秦國要運萬斛（古代的一種量器，一斛為 150 斤）糧食去才夠。這麼多糧食怎麼運呢？從寶雞到翼城縣，七百餘里，山路崎嶇，要多少牛馬駄，才能運過去呢？而晉國的百姓都還餓着肚子在等。水路，用船運送，是最好的方法，因為用船拉，拉得多，順着附近的渭河運到黃河，再從黃河進入汾水，就可以到達翼城縣了！就這樣，秦國的船絡繹不絕地把糧食送去了晉國。

謹代表晉國百姓對秦國表示感謝！

秦穆公真是有顆仁慈的心。

12

可是，晉惠公，他收下了水上送來的糧食，卻拒絕了水上送來的寬容、同情、支持……

第二年，秦國發生災荒，晉國豐收。秦穆公派人來晉國買糧食。但晉惠公不僅拒絕賣糧食給秦國，還覺得晉國不能像去年秦國那麼傻，錯過吞併良機，不如借機滅了秦國！秦國知道後大怒，率兵伐晉。晉惠公做的這些事情，連晉國老百姓都看不下去。晉惠公不得人心，結果晉國戰敗。

從此，我們不僅有了泛舟之役這個故事，還有了一個歇後語：晉惠公借糧——有借無還。

眾大臣一起來商討運糧的方法，看看是陸運還是水運？

讓屈原、曹操傷心的戰船

好好利用城邊的河流湖泊，可見是多麼重要的事情！所以，水畔的城市都忙着拓寬河道，要麼挖人工運河，要麼建水利工程。

但是，就在這個時候，有一位非常著名的詩人，一邊唱着他自己寫的詩歌，一邊向汨羅江走去。他叫屈原，他還有一個身份，被流放的楚國官員。楚國，在春秋戰國時期，一直是長江流域的水上強國。這一點，被楚國水軍打敗的十多個小國肯定沒有異議。楚國水上交通也四通八達，以致楚懷王還特意為王公貴族們製作了一種被稱作「鄂君啟節」的特別通行證，方便他們來往於長江南北的水道上。這些，都可見楚國水運的強大。

▲ 鄂君啟節

▲ 屈原

可是，讓屈原傷心的是，水上強國的都城，竟然被開着樓船的秦軍攻佔了。屈原老早就對君主反覆建議「小心秦國」，可是朝中小人陷害他、譏笑他，君主疏遠他。最後，都城都被攻佔了，他國家富強的理想、生平的抱負都落空了。

講這些，還有甚麼意義？他選擇了在廣闊而平靜的汨羅江縱身一跳。

據說，這也是我們現在端午節的起源。而水上龍舟鑼鼓響了千年，都是為了紀念那天投江的愛國詩人屈原。

很多年後，三國時代的曹操也遇到讓他傷心的船！當年，他帶着北方的軍隊南下，人多力量大，這次戰役本應勝券在握！雖然我們知道，中國古代城市大部分都是在水邊修建的，但是，北方的水畢竟沒有南方多，曹軍天天在赤壁的船上，被搖來搖去，還真不適應。所以，曹操那些

▲ 赤壁之戰

造得氣派的大船都用鐵鏈連起來。這樣穩當當的，站着好舒服！結果，劉備和孫權的聯軍一看，想出辦法了，他們謊稱有人想投靠曹操，要帶自己的士兵和糧食偷偷去。結果大風一起，幾艘要「投降」的小船帶着火種衝向了大船。被連起來的船使火勢迅速蔓延，一時火光連天，曹操的軍隊損失嚴重，曹操逃回北方，這就是歷史上的赤壁之戰。

現在，長江口上有一家江南造船廠，它已經有 150 多年的歷史了，創建於 1865 年。他們造出來的船當然超乎屈原、曹操的想像，不止非常大，還可以帶着我們去寒冷的地方和企鵝打招呼哦！有一艘船我們叫它「雪龍號」（龍代表中國，雪代表南極的冰雪），它最近剛從南極回來，這已經是中國科考隊第 30 次去南極了。雪龍號有 7 層，可以帶上 130 多人。

▲ 樓船

▼「雪龍號」

雪龍
XUE LONG

CHINARE

「峽」路上的古今貨物

　　在經歷了那些年的紛爭戰亂之後，長江水運日趨繁華，特別是從唐代開始，它就成為我國公認的黃金水道，通航里程最長、貨運量最大。

　　杜甫誇它：「蜀麻吳鹽自古通，萬斛之舟行若風」（《夔州歌》），說的就是長江自古溝通我國東西部物資交流，比如四川出產的細麻布，江淮吳地生產的鹽都可以互相運送。而能裝萬斛的大船都在長江上往來，開得很快，像一陣風。此外，長江還承擔運送絲綢、棉布、糧食、茶葉、瓷器等貨物的功能呢。

　　當然，這麼多的貨物往來，免不了要經過長江上很多天然危險的地方。比如長江這條河流上，最難讓人把握的一段——三峽，在這裏「峽」路相逢的是人和自然。三峽兩岸高山對峙，全是懸崖峭壁，所以水流非常湍急。李白坐船經過這裏的時候，都說船開得太快了，不然怎麼會有「兩岸猿聲啼不住，輕舟已過萬重山」的詩句。但是開船的人們，就沒有這麼詩情畫意的心情了，因為就算是世代在這段河上開船的老船夫，也說不準哪裏有淺灘、哪裏有危險的石頭需要避開，因為到處都可能有危險。觸礁的事情他們聽得太多。想起出門的時候，一家老少送他們的表情，誰知道，這一次送別，會不會是最後一次見面？船夫們趕緊收回思緒，繃緊神經，小心翼翼地開着船。

　　面對這個「峽」路，我們不斷地動腦動手。到了現在，三峽大壩等水利工程，為我們消除了長江上的許多險灘，提高了水位，更便於船隻行走了。

　　由於水運燃料消耗低於公路、鐵路，長江水運為大艘貨輪這樣「沉傢伙」的運輸提供了便利。

長江和黃河相比，長江水量大、含沙少。它的開發利用，給流經的地區帶來灌溉、航運方面的便利。長江是我國第一大河流，世界第三長河，流經青、藏、滇、川、湘、鄂、贛、皖、蘇及上海等省市自治區，網羅了半個中國的廣闊腹地。長江流域內資源豐富、物產眾多，是我國經濟最發達的富饒地帶之一。

長江自古就是溝通我國東、中、西部交通運輸的黃金水道。有大小支流 3600 多條，通航河道 700 多條。幹支流通航里程近 8 萬公里，佔全國內河通航里程的 2/3，貨運量佔 60%。

你知道這麼多年過去了，通過長江運輸的貨物主要是甚麼？還是絲綢、茶葉嗎？

這是目前長江上常見的貨船，你猜船上裝的甚麼可能性最大？

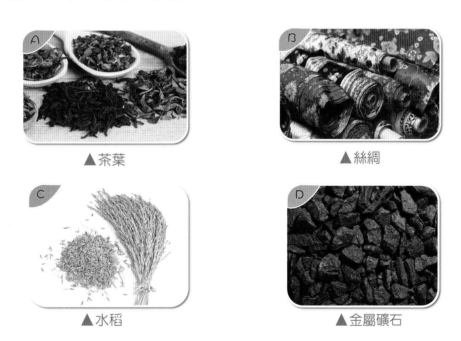

▲ 茶葉

▲ 絲綢

▲ 水稻

▲ 金屬礦石

下面是 60 多年來，長江上運輸最多的貨物：

年份	1949—1978	1979—2003	2004 年至今
貨物	煤炭	石油	金屬礦石

沿着瀾滄江去賣茶葉

　　這裏，我們看圖說話，講講長江的一個兄弟，它叫瀾滄江，也發源於青海的雪山。只是，瀾滄江走的方向不一樣，它從雲南西雙版納出了國門，一口氣還去了五個國家：老撾、緬甸、泰國、柬埔寨、越南。離開西雙版納的瀾滄江就叫湄公河了。我們把瀾滄江稱作我國通往東南亞的「黃金水道」。

瀾滄江

瀾滄江源於青海省唐古拉山。

瀾滄江是中國西南地區的大河之一，是世界第六長河，亞洲第三長河，東南亞第一長河。

湄

公

河

瀾滄江沿途綠水青山，好像一幅天然的畫卷。

瀾滄江——湄公河沿岸的國家，共飲一江水，有許多相似的文化風俗，比如說沿岸寺廟、佛像林立，許多人都慶祝春節、潑水節。

瀾滄江的上中游部分穿行在高山峻嶺之間，河道非常危險，所以，那一帶的人們不能在江裏運輸貨物，只能挨着河水沖刷出來的河谷邊的小路慢慢走，或者用馬這些動物來搬。所以，瀾滄江邊上有很多小路，就成了茶馬古道的一部分（茶馬古道是我國西南地區，用馬幫、馬匹馱運為主要交通方式，運送茶葉等物品的國內、東南亞貿易道路）。

　　瀾滄江的湍急，雖然給人們互相之間往來貿易帶來了困難，但是，它也給沿河的人們帶來了豐富的食物。在老撾湄公河向兩岸延伸出 14 公里的河面，有許多個小島，所以人們給它取了個個美麗的名字——四千美島。老撾人說：「四千美島的人如果想吃魚，只要生火，往鍋裏倒水，魚就會跳進鍋裏。」

　　從離盛產普洱茶的雲南普洱市不遠的思茅港出發，沿着瀾滄江這條黃金水道往南走，中國的茶經過了緬甸、老撾、越南轉往泰國、馬來西亞、新加坡⋯⋯

這裏的魚可多了，只要往鍋裏倒水，魚就會跳進鍋裏。

從姜太公釣魚說起

這會兒，你該問我了，和水對話不能光顧着與河水、湖水對話吧，中國還有那麼多大海呢！

那是當然，我國不僅擁有眾多河流湖泊，也擁有豐富的海洋資源。

關於大海，讓我們從一個很有耐心的老爺爺講起。這位老爺爺喜歡去黃河的支流渭河上釣魚。一釣就釣了三年，但一條魚都沒有上鈎。結果，別人看不下去了，說：「老先生，你的魚鈎是直的，上面也不掛點誘餌……」老爺爺也不聽取別人的建議，說：「我這是等自願上鈎的魚兒呀！」這個奇怪老爺爺的故事，很快就傳到了當地周文王的耳裏，周文王也很好奇，來看他釣魚，結果聊着聊着，發現這個老爺爺是個治理國家的人才。

這個有個性的老爺爺就是姜太公，他用這個方式，引起了周文王的注意。而這個故事，後來就成了我們今天的一句歇後語：姜太公釣魚——願者上鈎。

在姜太公的幫助下，周文王的兒子周武王打敗了當時非常殘暴的商紂王，建立了新的國家。功勞很大的姜太公，就得到了一個獎勵——去齊國（差不多在今天的山東）當領袖。

好，大海登場了！

姜太公到了齊國，一看，齊國在海邊，鹹鹹的海水把土壤搞得很不適合種植莊稼，這樣一來，哪裏有老百姓願意到齊國住呢！怎麼管理好這個地方呢？別忘了，釣魚可是姜太公擅長的事情，姜太公和他的後人們想出了許多招數。

　　「鼓勵大家去捕魚！」

　　「靠海吃海，我們能製作鹽，這是每個人每天必須吃的東西。我們燒海水煮出鹽，就能賣給其他地方。」

　　就這樣，齊國越來越富有了，成為春秋戰國時期的強國，直到後來秦始皇統一中國。

　　我國人們很早就知道大海的富饒，在神話裏，連會七十二變的孫悟空都知道龍王的宮殿有很多寶貝，去那拿了根定海神針做武器。只是，變幻無常的大海常常阻止裝備並不精良的古代人民的探險腳步。最早的時候，中國神話中海神長着人的臉，鳥的身體，耳朵上掛兩條蛇做耳環，腳下還踏兩條蛇。這個形象也反映了人類對大海滿是敬畏。

　　所以，早期中國人對大海的開發常常止於漁業和製鹽業。

▲捕魚

靠海一定要吃海。

▲製鹽

級別最高的航海家

　　從春秋時代開始，從我國山東的海邊到江浙的海邊，有幾個航海非常發達的地方，一個是齊國，我們剛剛聊了它。隨着齊國的富強，它開通了渤海、山東，一直到浙江的航線。還有兩個國家是江浙的吳國和越國。這兩個國家處於江南水鄉，到處是水，互相之間的戰爭也常常使用海上襲擊的方式，所以造船和航海技術很發達。

　　公元前 221 年，秦始皇建立了我國第一個統一的中央集權的封建制國家。那時我國的國土東到大海，自北往南為渤海、黃海、東海、南海，已形成一個既有大陸又有海洋的國家，為航海業提供了極為有利的地理條件。秦始皇在位 12 年裏，先後組織五次大規模的海上巡遊，按現代人的標準，秦始皇應該能算是航海家了，而且還是級別最高的。

　　秦始皇在統一全國後不久，就不辭辛勞多次巡遊海上，為甚麼呢？官方說法當然是有其政治、軍事、經濟目的的。但還有一個重要原因，聽上去非常荒謬，但又不得不提。秦始皇取得了至高

▼在青島有秦始皇遣徐福入海求仙的羣雕

無上的權力後，為了永久享有這樣的權力，他妄想得到長生不老之術。於是，他不斷派人去尋求長生不老的仙藥。一次，在秦始皇到泰山封禪完畢後，東巡路上，方士徐福以地方名流的身份晉見了皇上，並上書說渤海中有三神山，裏面住着神仙，吃了山裏的仙藥，個個長生不老，他願意赴湯蹈火，為皇上取仙藥。秦始皇很高興，給了徐福很多金銀財寶，命他入海求仙。但沒多久，徐福就回來了，說他見到了神仙，但是神仙嫌禮薄，需要美好的童男童女和各種工匠用具作為獻禮，才能得到仙藥，秦始皇遂派 500 童男童女隨徐福再次出海。第二年，秦始皇再次東巡，也希望找到徐福同行，可惜沒見着。他再見到徐福的時候已經是十年後，他的第三次東巡。徐福依然沒有找到仙藥。他的解釋是這樣的：本來就要拿到仙藥了，但是海上有大魚護衛仙山，功敗垂成。這次，秦始皇親自率領

▲ 徐福雕像

弓箭手到海上與大蛟魚搏鬥，殺了條大鯊魚，興沖沖地回去了，想這下子可好了，徐福終於可以拿到仙藥了。但是，秦始皇還是沒有等到仙藥，在返回咸陽的路上，就病死了。沒有了保護、沒有了借口的徐福一時也騎虎難下，於是在公元前 210 年，他帶着浩浩蕩蕩的求仙團隊漂洋過海，去尋找虛無縹緲的三神山和靈丹妙藥。從此，再未回到中原。

徐福跑哪去了？有人說他去了日本。據說他到了日本之後，在當地教人們種植水稻、使用工具，還傳播中國醫學等等。

從秦始皇時代開始，中國就加強了與朝鮮、日本等鄰近國家的往來。這條在我國東海上慢慢形成的航線，同時也以此為基礎慢慢拓展了往歐洲國家的海上航線，逐漸形成了海上絲綢之路。

颱風來啦喊媽祖

隨着造船技術的進步，指南針應用於航海，中國的海上運輸日益發達。海上絲綢之路把中國的絲綢、茶葉、瓷器，源源不斷地送往世界各地，明代的鄭和帶着接近 3 萬人的船隊下西洋，讓龍的旗幟飄揚在四海。

可是，造得再大、再結實的船，指得再準確的指南針，遇到了海上的風浪，人們總是顯得那麼弱小。從古至今，中國東南沿海上生活的漁民們都把安全航海的希望寄託於神靈的保佑，這個神靈就是媽祖。

相傳，媽祖是一個叫林默的福建女子，她一次在海上搭救遇險船隻時不幸被桅杆擊中頭部，落水身亡。此後，傳說由林默化身的媽祖經常顯靈，救護在海上遭遇危險的人。人們逐漸將媽祖奉為「海上女神」。

媽祖信仰是中國最有代表性的民間信仰

喊媽祖吧，快來救我們！

之一，她同樣隨着中國人的足跡傳遍世界各地。

媽祖本來是海上保護神，後來當她的職能逐漸擴大，無論是商人、手工業者，無論是難產或其他疾病，人們都認為媽祖能幫助他們排難解困。所以海外的華人在世界各地都建起了媽祖廟，人們總希望通過祭祀媽祖，將媽祖的博愛、扶弱濟貧、勇敢無畏、不屈不撓的精神和盡孝的觀念發揚光大，把媽祖文化的精髓融入日常生活中，並傳給下一代。

▲ 世界各地都建有媽祖廟

澳門的地名原來與媽祖有關

我國海邊的城市，從北到南，個個都和媽祖有這樣那樣的淵源。

天津有我國最北的媽祖廟，當地諺語說「先有娘娘廟，後有天津衞」。

澳門的名字傳說也來自於媽祖。相傳，當葡萄牙人抵達澳門時，向澳門當地人打聽地名，居民以為他們問附近供奉媽祖的廟宇，於是回答「媽閣」。廣東話「閣」與「交」的發音相似，葡萄牙人就聽成「馬交」了，以其音譯成「MACAU」，成為澳門葡萄牙文名稱的由來。

鄧世昌的兩個決定

中國的領海由北往南，為渤海、黃海、東海、南海，為保護這一片海上領土，曾發生過許多動人的故事。

在各地的媽祖廟裏，常常有許多船模，有大有小，有新有舊。據說，每條船造好下水之前，都要到媽祖廟裏供放一個模型，這樣，媽祖就會時刻關心這條船的安全了。在山東的一個媽祖廟裏，也有一個這樣的船模，不過它長得和其他船不太一樣，它身上多了許多鋼鐵——原來是艘軍艦！

19 世紀的中國已經把大海關起來好多年了。封建政府禁止百姓私自造船和進行出海貿易，最嚴厲的時候，一塊木板都不允許海邊的老百姓放到海水裏。那個時代的皇帝們認為關閉大海，管理人民起來會比較方便。所以，造船、航海……再也沒有人去做，原來領先的技術逐漸落後，而這個時候，歐洲的「海上馬車夫」們，造出了我們無法想像的好船。所以，這艘供奉在媽祖廟的軍艦，是在法國定做的。

拿船來供奉的人，叫鄧世昌。1894 年的秋天，鄧世昌指揮着另外一艘從英國買來的軍艦致遠號，應對黃海上日本人挑起的海戰。那場黃海海戰，滿大海寫着「勇氣」兩個字。鄧世昌的船在戰鬥中最英勇，連連開火，擊中日本軍艦。炮彈打光，致遠艦成了日本軍艦的圍攻對象。

中國古代四大海戰

唐代軍隊與日本的白江口之戰：此戰迫使日本認識到了中華民族的實力，從此臣服大唐並派遣遣唐使，全面的漢化深刻影響了東亞地區的戰略格局。

宋元軍隊的崖山海戰：此次戰役之後，南宋殘餘勢力徹底滅亡，蒙元最終統一整個中國。此戰深刻影響了中國社會的發展。

明代萬曆年間抗倭援朝的露梁海戰：這次戰役給侵朝日軍以殲滅性重大打擊，對戰後朝鮮 200 年和平局面的形成起了重要的作用。

鄭成功收復台灣之戰：收復台灣使得西方殖民者喪失了在中國沿海的最大據點。東南沿海可保安寧。西方殖民者經此一戰也失去了北上染指中國的慾望。此戰影響了亞洲的歷史走向。

這個時候，鄧世昌做了第一個決定（　　　）

A

我決定

找一找船上的白旗，先投降吧！

B

我決定

開着自己的船撞過去，與敵人同歸於盡。

不幸，船被敵人的魚雷打中，看到鄧世昌落水，其他人扔游泳圈過去，他的愛犬「太陽」也游過去救他，他看了看自己船上的士兵，大多無法生還了，他做了第二個決定（　　　）

A

我決定

套上游泳圈，獨自一人活下來。

B

我決定

與大家一起沉沒。

作為民族記憶中無法繞過的一塊傷疤，鄧世昌和致遠艦已成為國人甲午情結的象徵。2013年遼寧丹東港擴建時的一次發現，沉沒百年的致遠艦再度進入公眾視野，呼之欲出。2015年8月，國家文物局開始對致遠艦進行調查和打撈。

▲ 鄧世昌和他的「致遠號」

27

港口四

港口的故事

上海的十六鋪碼頭

▲上海馬勒別墅

講到大海，一定要提到依偎大海而存在的海港城市。讓我們緩一口氣，暫時忘了海上的炮火和鮮血，去看看海港城市的變遷。

說到中國的海港城市，不得不提到上海。如今的上海，是一座名副其實的國際大都市，它的發展與海運的發展息息相關。關於上海與大海的故事，實在有太多可以講，不如我們就從一個小女孩的夢和一座別墅的故事講起。

1926 年的上海，生活在上海的一個英國小女孩做了一個非常神奇的夢，在夢中，她夢到自己擁有一座「安徒生童話般的城堡」，她把這個夢告訴了爸爸：「這個大房子，像一艘大輪船，有兩個高高的塔樓，長着尖尖的屋頂。紅色的牆壁上嵌着彩色的瓷磚，屋頂上裝着彩色玻璃。房間裏掛着海上的畫，有海浪、海上日出、海上燈塔……地板上都是海草、海帶。」這個疼愛女兒的英國人叫馬勒，他是靠海上冒險來到了上海，並在上海致富，那時的他擁有 17 艘海運船，專門從事造船、修船、運輸。為了完成女兒的心願，也為了紀念自

外國人和中國人混着住在一起不好吧，劃個單獨的地方給我們外國人住！

租界

租界在中國是指近代歷史上帝國主義列強通過不平等條約強行在中國獲取的租借地的簡稱，多位於港口城市。1845 年，鴉片戰爭後，英國在上海設立了中國第一個租界——上海英租界。

作為上海的「房東」，那時候中國人的待遇可不是去收房租，而是每天看着租界公園掛着「華人與狗，不得入內」的標牌而無可奈何！

馬勒的那座漂亮房子，就蓋在租界裏。

28

己的海上冒險生涯，他在當時的上海租界蓋起了一座夢幻別墅，還把它裝修得酷似一條豪華的郵輪，後人稱它為馬勒別墅。

馬勒別墅在上海已經屹立半個多世紀，幾易其主，見證着上海這個海邊城市的變遷。

馬勒在上海蓋別墅的那個年代，也就是 19 世紀，上海被叫作「東方的巴黎」「冒險家的樂園」。這一切，都和一個地方有關，那就是十六鋪碼頭。隨着海洋運輸也成為水運的一個重要方式，既擁有江河又擁有大海的地方，成為水運的樞紐。上海由於是長江、京杭大運河、南北沿海水運的必經之處，就出現了這個熱鬧的十六鋪碼頭。那裏貨運集中，碼頭林立，中國人、外國人都來上海謀生、尋找發展。馬勒就是在這樣的背景下來到上海的。英國的領事館，也在碼頭不遠的地方。

當然，上海的十六鋪碼頭與水運歷史也隨着時代在變遷與發展。

20 世紀 70 年代，隨着客運的迫切需要，原先的裝卸區與客運站合併起來，以十六鋪碼頭為基地，重新設立了上海港客運總站。由於設施陳舊跟不上，1982 年，上海市政府把原來李鴻章創辦的招商局倉庫拆了，建造了十六鋪新客運站。當時的新客運站吸引了成千上萬人來參觀，一時轟動上海。

然而，公路大發展後，水路作為交通工具形式的衰落是歷史必然。1998 年，滬杭高速公路全線開通，上海至寧波只需要 4 小時車程，這條水路航線面臨停運。之後為了迎接 2010 年上海世博會，這座外灘最著名的老碼頭經過改造脫胎換骨，重新精彩亮相，功能再造。

或許十六鋪碼頭就是上海這座港口城市變遷的縮影。

十六鋪碼頭的變遷

▲舊上海十六鋪碼頭的
繁忙景象

▲20 世紀 80 年代
的十六鋪客運站

▲新建的外灘十六鋪碼頭

香港美利樓，你為何不叫美麗樓

說上海，我們講了馬勒別墅。下面我們要介紹另一個重要的港口城市——香港。說香港，我們也從一棟建築說起，它叫美利樓（Murray House）。

美利樓原址位於香港島中環，現已遷往赤柱。美利樓是用大塊花崗岩蓋的建築，有着歐式的風格，長長的走廊，地上鑲着黑色與白色的大理石，牆邊立着棕黃色的木門，方方正正的門外是鮮綠的草，走廊的盡頭看到蒙蒙的灰藍色的海，海風大肆吹過。

▲美利樓不是美麗樓

這麼美麗的風景，怎麼不叫美麗樓？有人說，美利樓是用了當時英國大臣美利爵士的名字命名的。我猜，和它的用途更有關。原來，1842 年鴉片戰爭後，香港受到英國的殖民統治，英軍修建了美利樓作為軍營，後來日軍攻佔香港的時候，它曾經是日軍總部，死在裏面的囚犯達 4000 人，號稱醫院外死亡人數最多的建築。再美的外表，有這麼嚴峻的經歷，還是叫美利樓更貼切些。

美利樓建成的時候，香港還是個小漁村，但是有它值得驕傲的漁業和航海業。你看，現在美利樓的海事博物館還保留着那時候抗擊海盜成功的圖片。

英國佔據香港之後，香港成了中外貿易的中轉站，運出我們能想到的絲綢、茶葉等貨物，外

世界最強海盜——中國張保仔

▲張保仔帆船已成為香港的旅遊景點

張保仔，1810 年以前廣東沿海著名海盜，到現在仍是為香港人所熟悉的歷史人物。

張保仔率領部下經常襲擊侵犯我國領海的葡、西、荷、英等國船艦，使殖民者提起張保仔都心驚。

由於張保仔處事有度、有道，因而深得眾人擁戴，隊伍迅速發展壯大，最盛時，擁有大船 800 多艘、小船 1000 多艘，聚眾達 10 萬人。他更以香港為根據地，開荒生產，還常與海外華僑往來，使當時荒涼的香港島興旺起來，居民達 20 萬人。

國也會輸入一些工業生活用品（比如火柴）。此外，鴉片也源源不斷地從這輸入中國，而中國的苦力也是在這裏被運往世界各地。

▲ 香港的集裝箱碼頭

香港面向南中國海，洋面廣闊，海岸曲折綿長，島嶼眾多，地理位置極為優越。憑借地理位置的優勢，第二次世界大戰後，香港經濟和社會迅速發展，被譽為「亞洲四小龍」之一，也成為亞太地區國際航運中心，是世界最大的集裝箱港和世界最大的獨立商船隊總部。而在香港打拚的中國人中，接二連三地出了一個又一個的船王。

作為一個現代都市，在香港的日常生活中，水上交通依然扮演着一個非常重要的角色。而且為了迎合時代的變遷，有不同的海上交通工具應運而生，從舢板、嘩啦嘩啦（Walla-Walla）、橫水渡、電船仔，到天星小輪、油麻地小輪、港九小輪。不得不說，香港是個名副其實靠海生活的城市。

世界主要的國際航運中心城市有英國倫敦、美國紐約、荷蘭鹿特丹、新加坡、中國香港等。

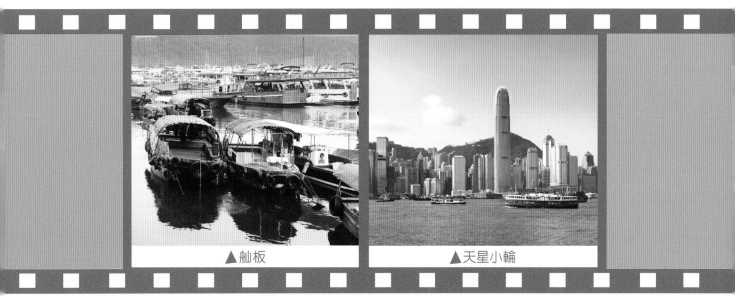

▲ 舢板　　　　　▲ 天星小輪

崛起的港口羣

我們知道，中國地處亞洲東部，面對大海。漫長的海岸線上，已經崛起了無數美麗的海港城市。它們中出現了最有影響力的三大港口羣：環渤海灣區域、長江三角洲、珠江三角洲。

來自我國這些地區的港口已躍然世界貨物吞吐量前十的港口名單上。當然，合作和競爭的故事，不可避免，也在它們中間上演。你知道它們的排名嗎？

不同海港前後運輸貨物不同

排名	2013 年全球十大港口 貨物吞吐量排行榜	今年排名
1	寧波—舟山港	
2	上海港	
3	新加坡港	
4	天津港	
5	廣州港	
6	蘇州港	
7	青島港	
8	唐山港	
9	鹿特丹港	
10	大連港	

▼我是京杭大運河交會處的內河港口，我國北方第一大海港口岸。我是（　　　　）港。

▼我價格實惠，並且卧守珠江三角洲，西聯澳門、珠海，東視廈門，北踞廣州，開發大鏟灣、挺進珠江，2007 年已經成為中國最具效率競爭力的港口。我是（　　　　）港。

▲ 我是自由港，另外通過珠江水系，我深入祖國內地水上交通體系，我們運作高效、服務一流。我是（　　　　）港。

▶ 我可以揚帆長江黃金水道，背後有蘇州、無錫、常州和南京縱深300公里的經濟腹地支撐，又有長江和滬寧鐵路和高速公路對接。我是（　　　　）港。

我的家在中國・道路之旅 ⑥

憑水
走天下 | 水運

檀傳寶◎主編　葉王蓓◎編著

責任編輯：楊 歌

裝幀設計：龐雅美

排　版：龐雅美　鄧佩儀

印　務：劉漢舉

出版 / 中華教育

香港北角英皇道 499 號北角工業大廈 1 樓 B

電話：（852）2137 2338

傳真：（852）2713 8202

電子郵件：info@chunghwabook.com.hk

網址：https://www.chunghwabook.com.hk/

發行 / 香港聯合書刊物流有限公司

香港新界荃灣德士古道 220-248 號

荃灣工業中心 16 樓

電話：（852）2150 2100

傳真：（852）2407 3062

電子郵件：info@suplogistics.com.hk

印刷 / 美雅印刷製本有限公司

香港觀塘榮業街 6 號

海濱工業大廈 4 樓 A 室

版次 / 2021 年 3 月第 1 版第 1 次印刷

©2021 中華教育

規格 / 16 開（265 mm x 210 mm）